Ursula Grabner

Advents- und Weihnachtsgestecke

Ursula Grabner

Advents- und Weihnachtsgestecke

Festlich • edel • stilvoll

Augustus Verlag

Inhalt

Die Deutsche Bibliothek
– CIP-Einheitsaufnahme

Advents- und Weihnachtsgestecke : festlich – edel – stilvoll / Ursula Grabner – Augsburg : Augustus-Verlag, 1998
ISBN 3-8043-0550-4

Für die großzügige Unterstützung mit Dekorationsmaterial bedanken sich Verfasserin und Verlag bei der Familie Kronsteiner von der Firma Kronsteiner Hobby und Kunst in Wien.

Fotografie:
Hans Ringhofer, Wien
Lektorat:
Sabine Fels, Renningen

Umschlaggestaltung:
Christa Manner, München
Layout:
Anton Walter, Gundelfingen

AUGUSTUS VERLAG
AUGSBURG 1998

Satz: Gesetzt aus 9,5 Punkt Korinna Regular von DTP-Design Walter, Gundelfingen
Reproduktion:
GAV Prepress, Gerstetten
Druck und Bindung:
Appl, Wemding

Gedruckt auf 120 g umweltfreundlich elementar chlorfrei gebleichtes Papier

ISBN 3-8043-0550-4
Printed in Germany

Vorwort

Was wäre die Vorweihnachtszeit ohne Adventskranz und Tannengrün, ohne Kerzenschimmer und angenehme Düfte? Sie gehören einfach zu den letzten Wochen des Jahres und stimmen ein auf das bevorstehende Weihnachtsfest.

Aber nicht nur der fertige Schmuck für das eigene Heim bereitet Freude. Auch schon die Vorbereitungen, die Überlegungen, welcher Adventskranz besonders gut zum Einrichtungsstil paßt und die Suche nach den richtigen Materialien lassen Vorfreude aufkommen. Soll es diesmal ein klassischer Strohkranz mit roten Kerzen sein oder vielleicht ein edler Strauß in zarten Beigetönen? Passen tiefblaue Kerzen auf den Weihnachtstisch, oder freuen sich die Kinder über einen kunterbunten Adventskranz mit Holzperlen und fröhlichen Schleifen?

Lassen Sie sich von den vielfältigen Ideen in diesem Buch inspirieren! Ich möchte Ihnen zeigen, wie Sie immergrüne Zweige, Trockenblumen, Seidenblumen und auch ganz ungewöhnliche Materialien professionell verarbeiten. Zu allen Gestecken finden Sie genaue Schritt-für-Schritt-Anleitungen und viele Tips aus der Praxis, die es Ihnen leicht machen, auch kompliziert wirkende Arrangements nachzuarbeiten.

Ich wünsche Ihnen viel Freude beim Auswählen, Stecken und Binden und angenehme Stunden bei Kerzenschimmer und Tannenduft.

Ursula Grabner

Material

Frisches Naturmaterial

Das wichtigste Dekorationsmaterial im Winter sind die immergrünen Zweige von Nadelbäumen und Koniferen. Das Grün von Fichten-, Tannen- und Kiefernzweigen, von Zypressen und Wacholder hat ganz unterschiedliche Töne, deren Skala von Silbergrau bis Kupfer reicht. Alle diese Zweige lassen sich zu einem herrlich nach Harz duftenden Arrangement verarbeiten.

Besondere Akzente setzen die immergrünen Sträucher wie Stechpalme, Kirschlorbeer oder Efeu, dessen Blätter silbrig bis goldgelb schimmern. Und auch die roten Beeren, die es in vielen Varianten gibt, tupfen Farbe ins Grün.

Getrocknetes Naturmaterial

Im Fachhandel gibt es eine große Auswahl an getrockneten Materialien. Die bereits fertig konservierten und oft wunderschön eingefärbten Pflanzen bieten die Möglichkeit, unabhängig von der Jahreszeit, auch kräftige Farbakzente zu setzen.

Wenn Sie selbst einen Garten haben, dann verfügen Sie über ein nahezu unerschöpfliches Reservoir an Blumen, Gräsern und Zweigen, mit denen Sie Ihre floristischen Arbeiten bereichern können. Aber auch auf einem Spaziergang lassen sich wahre Schätze entdecken: Gräser, Samenstände, Zweige, Beeren, Zapfen und knorrige Wurzeln werden sicherlich Ihre Phantasie anregen. Vergessen Sie aber nicht, daß viele Wildpflanzen unter Naturschutz stehen und nicht gepflückt werden dürfen!

Am einfachsten trocknen Sie Ihre Fundstücke an der Luft. Bündeln Sie dazu das Pflanzenmaterial zu kleinen Sträußen, die Sie kopfüber in einen warmen Raum hängen. Damit die Pflanzen nicht ausbleichen, sollten Sie darauf achten, daß sie keinem direkten Sonnenlicht ausgesetzt sind. Je nach Pflanzenart dauert der Trockenprozeß bis zu drei Wochen.

Kunst- und Seidenblumen

Im Winter sind Schnittblumen teuer, deshalb bieten sich in dieser Jahreszeit Kunst- und Seidenblumen als Alternative an. Das Angebot ist vielseitig und inzwischen von so hoher Qualität, daß selbst Naturliebhaber immer mehr zu dem formschönen und vor allem dauerhaften Dekorationsmaterial greifen.

Zu Blumen, Gräsern, Blättern oder Zweigen aus Seide können Sie problemlos viele andere Materialien dekorieren. Das Angebot reicht von effektvoll nachgebildetem Obst über Pilze bis hin zu weihnachtlichen Schmuckelementen aus Holz, Glas, Metall oder Keramik. Wählen Sie aus der Fülle des Angebotes, aber achten Sie darauf, Ihre Gestecke nicht zu überladen. Weniger ist hier oft mehr.

Bänder

Mit einer schönen Schleife unterstreichen Sie die Wirkung Ihres Werkes. Je nach Farbe und Material des verwendeten Bandes verleihen Sie dem Ganzen ein fröhliches, elegantes oder auch rustikales Aussehen.

In den meisten Geschäften bekommen Sie Bänder als Meterware von der Rolle. So haben Sie die Möglichkeit, auch kleinere Mengen zu kaufen und verschiedene Materialien zu kombinieren. Das Angebot ist groß. Es gibt edle Bänder aus Satin, Moiré, Samt, Brokat, Tüll oder Spitze, deren Eleganz sich mit Kordeln und Quasten noch verstärken läßt.

Originell und sehr modern wirken Streifen aus Metallgitter, Folie oder Papier, die

sich zu dekorativen und auffälligen Schleifen verarbeiten lassen. Umweltfreundlicher und nicht weniger reizvoll sind Naturmaterialien wie Jute, Bast, Kokosfasern und vor allem Naturpapiere. Auch Makrameegarn und einfache Paketschnur können sie sehr effektvoll verarbeiten.

Achten Sie beim Kauf eines Bandes auf die Farbe, die Art des Materials und die Breite, denn diese drei Faktoren bestimmen später den Charakter der Schleife. Sie erleichtern Ihnen außerdem die Zuordnung zur entsprechenden Dekorationstechnik. Wie Ihnen einfache, doppelte oder üppige Schleifen perfekt gelingen, erfahren Sie ab Seite 10.

Werkzeug und Hilfsmittel

Steckmassen

In Fachgeschäften werden verschiedene Steckmassen angeboten. Die Entscheidung richtet sich nach dem Material, das Sie verarbeiten möchten: Für Trockenmaterialien und schwere Naturmaterialien wie Reisig verwenden Sie die graue, geschäumte Steckmasse, die wesentlich fester ist, als die grüne Steckmasse, die nur für Frischblumen geeignet ist. Sie wird in Ziegelform zum Zuschneiden, aber auch als Kranz, Kugel, Kegel oder in anderen Formen angeboten.

Für kleine Arrangements eignen sich auch knetbare Steckmassen, die im Fachhandel in kleinen Blöcken oder auch meterweise erhältlich sind.

Für einfache Gestecke sind Füllmaterialien wie Kieselsteine oder Murmeln eine originelle Alternative zu Steckmassen. Sie halten die Stengel in der gewünschten Form und sehen vor allen in Glasgefäßen sehr dekorativ aus.

Heißklebepistole

Für kleinere Dekorationsarbeiten oder zum Befestigen von kleinen Teilen empfiehlt sich eine Klebepistole. Im Gegensatz zum normalen Klebstoff hält der heiße Klebstoff sofort nach dem Erkalten, und Sie können zügig weiterarbeiten. Aber Vorsicht: Die austretende Klebemasse ist sehr heiß!

Drähte

Drähte gibt es in großer Auswahl vom feinen Bindedraht bis zum dicken Steckdraht, auf Spulen gewickelt oder vorgeschnitten in Päckchen, lackiert oder umwickelt. Einen Vorrat der wichtigsten Stärken sollten Sie sich anlegen:

0,4 mm / 0,6 mm
zum Binden von Schleifen, zum Bündeln und Andrahten von zarten Materialien

0,8 mm
zum Andrahten und Stützen von größeren Materialien, zum Stecken von Schleifen

1,0 mm
zum Andrehen von schwereren Materialien, wie etwa Zapfen

Haften

Haften sind u-förmig gebogene Drahtstücke, die zum Stecken von Reisig, Moos, Blättern und anderen Dekorationsmaterialien verwendet werden. Es gibt sie in verschiedenen Längen und Stärken, und sie sollten zu Ihrer Grundausstattung gehören.

Pinholder

Pinholder sind runde Plastikteile, mit denen Steckmassen in Gefäßen befestigt werden. Kleben Sie die Pinholder mit der flachen Seite in das Gefäß, und befestigen Sie den Steckziegel auf den nach oben gerichteten Dornen.

Messer, Scheren und Zangen

Diese Werkzeuge benötigen Sie zum Zuschneiden oder Kürzen der Zweige, Stengel, Drähte, Bänder und Steckmassen.

Grundtechniken

Angedrahtete Büschel

Nehmen Sie das Dekorationsmaterial in die linke Hand, und legen Sie darüber einen zu einem U-Haken gebogenen Draht.

Andrahten

Bei vielen Arbeiten ist es ratsam, das Dekorationsmaterial vorzubereiten, indem Sie es andrahten. Materialien, die kräftige, aber zu kurze Stengel haben, können Sie durch Andrahten verlängern. Zerbrechliche Materialien mit dünnen Stengeln lassen sich in Gruppen gebündelt leichter verarbeiten. Je sorgfältiger Sie diese kleinen Bündel machen, desto schöner wird Ihr Arbeitsstück. Die Mühe des Andrahtens lohnt sich auch deshalb, weil Sie beim Korrigieren einer Arbeit diese Bündel wieder neu verarbeiten können.

Angedrahtetes Blatt

Mit einem stärkeren Draht wird das Blatt neben der Hauptblattader durchstochen. Drahtenden um den Blattstiel wickeln.

Angedrahtete Blüte

Den Draht u-förmig biegen. Ein Drahtende parallel zum Stengel legen, das andere mit dem kurzen Blütenstengel zur stabilisierenden »Drahtstütze« verdrillen.

Nun umwickeln Sie die Stengel mit beiden Drahtenden.

Verdrillen Sie den Draht über die Länge der Stengel hinaus. Kürzen Sie dann die verdrillten Drähte so weit, daß sich die Stiele nach dem Stecken ganz in der Steckmasse befinden und nur noch Blätter oder Blüten zu sehen sind.

Befestigen der Steckmasse im Gefäß

Damit das Gesteck sicheren Halt hat, muß die Steckmasse gut im Gefäß befestigt werden. Dies kann, je nach Gefäßform, auf unterschiedliche Weise geschehen.

Die Steckmasse wird am Boden des Gefäßes mit Heißkleber angeklebt.

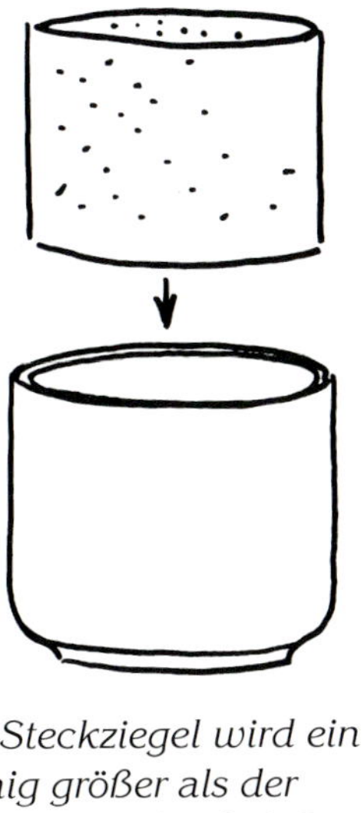

Der Steckziegel wird ein wenig größer als der Innenraum des Gefäßes zugeschnitten und fest hineingedrückt.

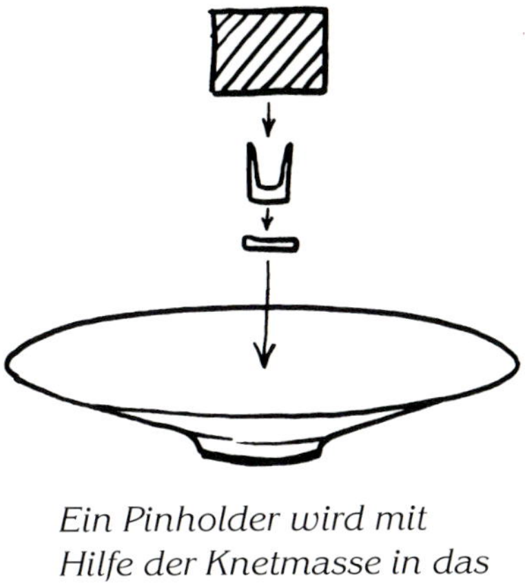

Ein Pinholder wird mit Hilfe der Knetmasse in das Gefäß geklebt. Darauf wird der zugeschnittene Steckziegel gesteckt.

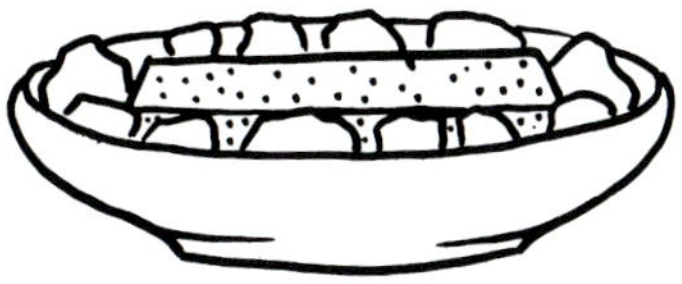

Die Steckmasse wird mit Steinen im Schalenraum festgekeilt.

Bei den meisten Gesteckformen ist es wichtig, daß die Steckmasse um einige Zentimeter über den Gefäßrand hinausragt. So können Sie die Blumen auch von der Seite stecken, und es läßt sich leichter eine harmonische Form erarbeiten. Die Seitenwände durchsichtiger Gefäße können Sie innen mit farbigem Papier, Blättern, Moos oder einem Tuch auskleiden, bevor Sie die Steckmasse hineingeben.

Stecken von Kränzen

Wenn Sie auf einem Kranz aus Steckmasse arbeiten wollen, sollten Sie darauf achten, daß er einen Kunststoffrücken hat.

Diese Kränze sind zwar etwas teurer, dafür aber wesentlich haltbarer: Die Steckmasse ist auf einen Kunststoffuntergrund geklebt, kann nicht auseinanderbrechen und bröselt nicht.

Zum Stecken kann auch ein Styroporkranz verwendet werden, allerdings ist Styropor fester als Steckmasse, und Sie können darauf nur mit angedrahtetem Material oder mit U-Haften arbeiten.

Andrahten von Kerzen

Fassen Sie ein Stück Draht von 1 mm Stärke mit der Zange, und erhitzen Sie das Drahtende über einer Flamme. Den heißen Draht von unten einige Zentimeter tief in die Kerze stecken. Bei *dünnen Stabkerzen* vorsichtig arbeiten und den Draht gut erhitzen, da diese leicht absplittern, bei *dicken Stumpenkerzen* drei Drähte in Dreieckform hineinstecken, damit die Kerzen nicht schief stehen.

Eine Alternative zum Andrahten sind Kerzenhalter. Der Fachhandel bietet sie in großer Auswahl aus Holz, Metall, Keramik und Glas an. Sie haben unten einen langen Dorn und werden in den Adventskranz gesteckt.

Schleifen

Sorgfältig ausgewählte und perfekt gebundene Schleifen sind die ideale Ergänzung und Abrundung eines Arrangements. Je nach Größe und Charakter Ihres Gesteckes entscheiden Sie sich für eine einfache oder eine üppig gebundene Schleife.

Einfache Schleife

Legen Sie das Band zuerst zu einer Schlaufe. Halten Sie die erste Schlaufe am Kreuzungspunkt fest und ...

Doppelte Schleife

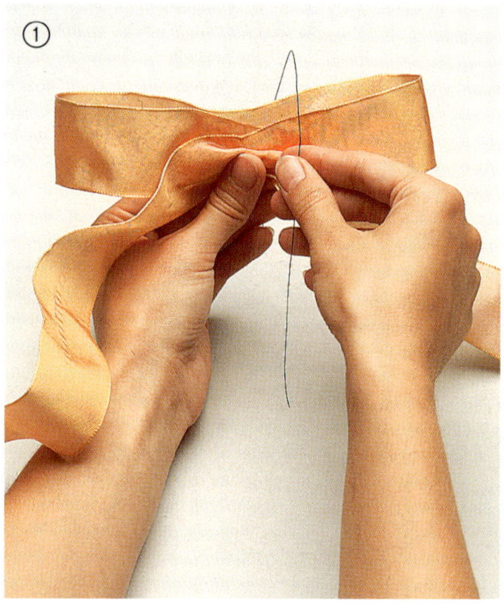

Das Band zu einer Acht legen, den gebogenen Bindedraht darüber und ...

... legen Sie eine zweite Schlaufe darüber, so daß eine Acht entsteht. Ein Stück Bindedraht in der Mitte abbiegen und über den Kreuzungspunkt legen und ...

... an der Rückseite zusammendrehen.

Die Bandenden schräg abschneiden.

... auf der Rückseite nur einmal fest zusammendrehen.

Die Drahtenden der Schleife auseinanderbiegen und über den Kreuzungspunkt der bereits fertigen Schleife aus Spitze legen.

An der Rückseite alle vier Drähte zusammendrehen. So können Sie die Drahtenden gleich zum Stecken verwenden.

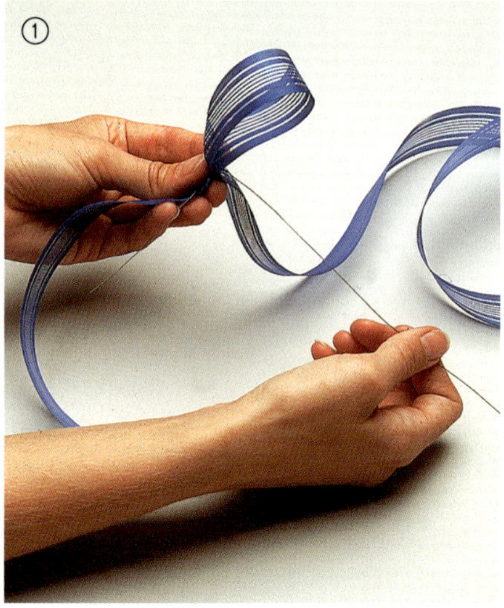

Üppige Schleife

Nehmen Sie die erste Schlaufe zwischen Daumen und Zeigefinger der linken Hand. Das kurze Bandstück (Anfang) läuft durch die Hand, das lange Band liegt rückwärts und wartet auf die weitere Verarbeitung. Zum kurzen Band ein Stück Bindedraht aufnehmen und im Uhrzeigersinn in die erste Schlaufe fixieren.

Mit dem langen Band die nächste Schleife gleich groß dazulegen und wieder im Uhrzeigersinn um beide Schlaufen fest herumbinden. Weiter mit der nächsten Schlaufe: Aufnehmen, mit dem langen Stück Bindedraht um die ganze Schleife herum und den Draht immer an der Rückseite zuerst auslassen. Schlaufe aufnehmen, Draht einmal im Uhrzeigersinn herum und rückwärts auslassen.

In dieser Weise das ganze lange Bandende aufarbeiten.

Schleife aus mehreren dünnen Bändern

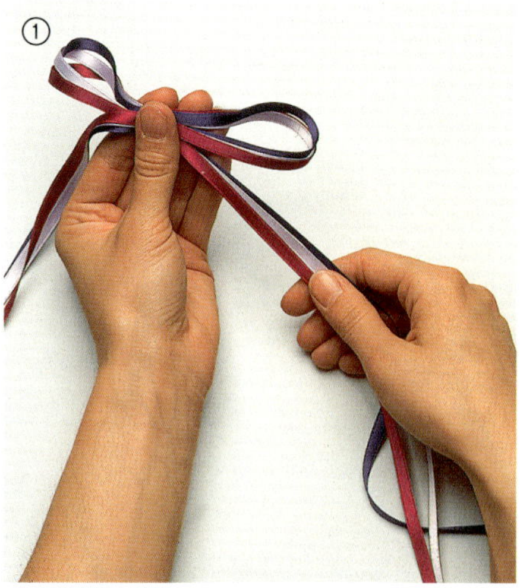

Legen Sie mehrere gleich lange und farblich aufeinander abgestimmte Bänder zu einem Achter. Halten Sie die Schleife am Kreuzungspunkt fest.

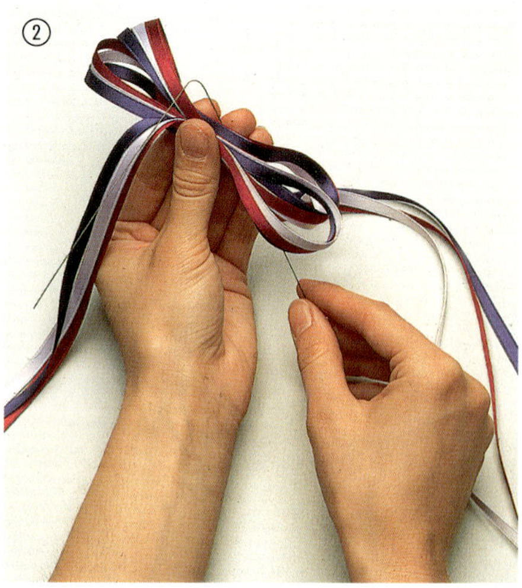

Ein Stück Bindedraht in der Mitte abknicken und über den Kreuzungspunkt legen.

Nun die beiden Bindedrähte, Anfang und Ende, zusammendrehen.

Wenn Sie die Schlaufen exakt aneinandergelegt haben, ist die Wirkung der Schleife fast fächerartig. Nehmen Sie nun die erste der gebundenen Schlaufen und drehen Sie sie schwungvoll und fest in die Mitte (schneckenhausartig).

Nun nur noch die Enden schräg abschneiden und fertig ist eine füllige, bildschöne Schleife.

Auf der Rückseite die beiden Drähte fest zusammendrehen (verdrillen).

Mit frischen Naturmaterialien dekorieren

Rot-goldene Impression

Rot und Gold passen einfach immer zu dunklem Grün und verbreiten fast von selbst eine weihnachtliche Stimmung.

Material
Reisig
Koniferen
Efeuranken
rote Beerenzweige
Stechpalme
3 Seidenrosen
gebündelte Stiele
goldenes Zierteil
rote Quaste
1,5 m goldenes Spitzenband
1,5 m rotes Band
Dekorteil für Schleife
goldene Dekorwatte
Gefäß
Steckziegel

So wird's gemacht

Den Steckziegel zuschneiden und im Gefäß fixieren.

Beginnen Sie mit dem höchsten Punkt, dem Koniferenzweig, und bestimmen Sie als nächstes die Breite des Gesteckes, indem Sie die Zweige für die beiden Seiten stecken.

Nun zur Mitte hin mit stark gekürzten Zweigen weiterarbeiten. Auf der Vorderseite Platz für die Schleife und die Dekorationsmaterialien freilassen.

Die Beerenzweige werden nun oben, links und rechts, dazugesteckt. Die stark gekürzten Rosen höhenversetzt ins Zentrum stecken.

Gebündelte Stiele, Quaste und goldenes Dekorteil werden zur Mitte gesteckt. Bänder zu einer doppelten Schleifen binden (siehe Seite 10). Beachten Sie aber, daß die rote Schleife vier Schlaufen hat, das Band beim Binden also einmal mehr hin und her gelegt wird. Die Schleifen andrahten und in das Arrangement stecken. Zum Schluß etwas Dekorwatte hinzufügen.

Früchtekranz

Dieser natürliche Kranz macht sich wunderbar als Dekoration für eine Obstschale. Klassische rote Schleifen und kleine rote Beeren setzen weihnachtliche Akzente im dunklen Grün.

Material
Reisig
Efeuranken
rote Beerenzweige
3 m rotes Band
Steckkranz

So wird's gemacht

Schneiden Sie die Reisigzweige in kurze Stücke. Stecken Sie Reisig und Efeu schuppenartig immer im Kreis herum auf dem Kranz fest. Sie können dazu U-Haften verwenden oder die Zweige sehr flach in der Steckform fixieren.

Achten Sie darauf, daß Sie außen und innen gut deckend arbeiten. Arbeiten Sie zwischendurch immer wieder roten Beerenzweige mit ein, und stecken Sie an einer Seite einige längere Efeuzweige dazu.

Zum Schluß teilen Sie das Band in vier gleich lange Stücke, die Sie zu einfachen Schleifen binden (siehe Seite 10). Beachten Sie, daß die Schleifen je vier Schlaufen haben. Dazu legen Sie das Band beim Schleifenbinden einmal mehr hin und her. Die vier Schleifen andrahten und symmetrisch in den Kranz stecken.

Den fertigen Kranz entweder auf eine mit Obst gefüllte Schale oder auf einen Teller legen, den Sie mit Früchten dekorieren.

Lavendelkranz

Der würzige Duft des Reisigs und der Koniferen, gepaart mit dem zarten Duft des Lavendels ergeben ein besonders reizvolles Dufterlebnis.

Material
Reisig- und Koniferenzweige
Stechpalme
Lavendel
Dekorkugel
4 lavendelfarbene Kerzen
Golddraht
goldene Dekorwatte
1 m grünes Satinband
2 m violettes Stoffband
Weidenkranz
Styroporkranz

So wird's gemacht

Bündeln Sie den Lavendel zu einem größeren Bund und zu mehreren kleineren Bündchen. Die Zweige werden in kleine Stücke geschnitten.

Mit Hilfe der U-Haften stekken Sie die Zweige flach und schuppenartig überlappend auf dem Styroporkranz fest. Dazwischen fixieren Sie immer wieder einen kleinen Bund von Lavendel.

Die Kerzen mit Golddraht umwickeln, andrahten (siehe Seite 9) und auf zwei Drittel des Kranzes gleichmäßig einstecken.

Im vorderen, frei gebliebenen Drittel wird der große Lavendelbund mit U-Haften quer festgesteckt.

Aus dem grünen Band eine einfache Schleife arbeiten (siehe Seite 10) und auf dem Lavendelbund feststecken. Ein Teil des violetten Stoffbandes zu einer üppigen Schleife binden (siehe Seite 12), andrahten und direkt auf die grüne Schleife stecken. Das restliche violette Band dekorieren Sie mit Hilfe der U-Haften verspielt zwischen den Kerzen und fügen zuletzt im vorderen Bereich die elegante Dekorkugel hinzu.

Zum Abschluß etwas goldene Dekorwatte auseinanderzupfen und auf dem Kranz verteilen. Den fertigen Kranz auf einen Weidenkranz legen, der etwas größer sein sollte.

Elegantes Gesteck in Blau-gold

Die Kombination von silbern schimmerndem Reisig und dunkelblauem Dekorationsmaterial wirkt vornehm und elegant.

Material
Reisig und Koniferenzweige in Graugrün
gold besprühte Blätter und Beeren
blaue Seidenrosen
goldene Dekorsonne
blaue Stoffkugel
2 schmale Kerzen
1,5 m dunkelblaues Samtband
1,5 m kariertes Band
flaches Gefäß
Steckziegel

So wird's gemacht

Den zugeschnittenen Steckziegel im Gefäß befestigen. Bei flachen Gefäßen verwenden Sie am besten einen Pinholder (siehe Seite 9) oder fixieren die Steckmasse mit der Heißklebepistole.

Stecken Sie die dünnen Kerzen fest in die Mitte des Steckziegels. Seitlich zu den Kerzen einen zarten Zweig und die kleinen Rosen stecken.

Seitlich breit ausladend werden die restlichen grünen Zweige gesteckt. Zur Mitte hin die Zweige stark gekürzt verarbeiten. Den Platz für die Schleife freilassen.

Haben Sie die Grundform des Gesteckes festgelegt, dekorieren Sie die Mitte mit goldenen Zweigen, Rosen und Kugel.

Die Bänder werden beide getrennt voneinander zu üppigen Schleifen (siehe Seite 12) gebunden. Arrangieren Sie zuerst die Schleife aus dem breiten dunkelblauen Band, und setzen Sie die zarte karierte Schleife daneben.

Exklusiver Adventskranz

Haben Sie ruhig Mut, auch außergewöhnliche Materialien zu verarbeiten. Mit seinen untypischen und ausgefallen angeordneten Materialien zieht dieser Kranz die Blicke auf sich.

Material
Reisig
Efeuranken
getrocknete Ähren in Naturgrün
getrocknete Rosen
Sisalbund
Sisalquaste
2 Dekosterne aus Metalldraht
1 m grünes Satinband
4 grüne Kerzen
Styropor- oder Strohkranz

So wird's gemacht

Binden Sie den Kranz wie auf Seite 20 beschrieben.

Die Ähren zu einem Bund binden, die Halme auf gleiche Länge zurückschneiden, quer über den Kranz legen und an einigen Stellen mit U-Haften feststecken. Ebenso die Rosen bündeln, auf den Ährenbund legen und feststecken.

Nun drahten Sie die Kerzen an (siehe Seite 9) und stecken auf einer Seite des Ährenbundes drei Kerzen, auf der anderen Seite eine Kerze in den Kranz. Die Efeuranken zwischen den Kerzen und neben dem Ährenbund dekorieren und feststecken.

Der Sisalbund wird wie ein Band zu einer einfachen Schleife verarbeitet (siehe Seite 10) und durch die Ährenstiele in den Kranz gesteckt. Darauf fixieren Sie eine üppig gebundene grüne Schleife (siehe Seite 12), auf der Sie mit U-Haften die Sisalquaste feststecken. Zum Abschluß die beiden Metallsterne dekorieren und ebenfalls mit U-Haften fixieren.

Nostalgischer Adventskranz in Altrosa

Dieser einfache grüne Reisigkranz wird durch die üppig dekorierten Materialien zu einem besonders kostbar anmutenden Stück.

Material
Reisig
Efeuranken
Seidenrosen in verschiedenen Größen
goldene Weintrauben in verschiedenen Größen
2 m breites Samtband
2 m goldene Kordel
verschiedene altrosa Kerzen
Dekorteil aus Zimtstangen
Styropor- oder Strohkranz
Bindedraht auf Spule

So wird's gemacht

Wie Sie den Reisigkranz binden, lesen Sie auf Seite 20.

Als erstes drahten Sie die Kerzen an und stecken sie in einer asymmetrischen Aufteilung in den fertigen Kranz. Ein Drittel des Kranzes bleibt frei. Nun dekorieren Sie zwischen den Kerzen die Efeuranken und stecken sie mit U-Haften nieder.

Das breite Samtband wird an einem Ende zu einer kleinen Schlaufe gebunden und neben einer der Kerzen festgesteckt. Das lange Ende locker zwischen den Kerzen dekorieren, dabei einige gelegte Schlaufen mit U-Haften niederstekken. Parallel zum Samtband die Goldkordel ebenso locker in einigen Schlaufen dekorieren und feststecken. Aus dem schmaleren Satinband drei kleinere üppige Schleifen binden (siehe Seite 12), andrahten und dazustecken.

Die Rosen und Weintrauben werden nun in Gruppen dicht bei den Kerzen dekorativ dazugesteckt. Zum Abschluß als Blickfang ein ausdrucksstarkes Dekorteil, hier die gebündelte Zimtstange, an einer gut sichtbaren Stelle dazustecken.

Kerzenständer im Naturlook

Dieser traditionell nur mit Naturmaterialien dekorierte Kerzenständer paßt in die besinnliche Stimmung der Adventszeit. Die schlichte Form aus Metall steht in reizvollem Kontrast zur natürlichen Gestaltung des Kranzes.

Material
dünne und stärkere Weidenzweige
Koniferenzweige
Zweige mit roten Beeren
Stechpalme
3 m rotes Samtband
Granatäpfel
vierarmiger Kerzenständer aus Metall

So wird's gemacht

Binden Sie zuerst einen einzelnen Weidenzweig zu einem Kreis zusammen, der auf den Kerzenständer paßt. An diesem Zweig orientieren Sie sich und wickeln oder binden weitere Weidenranken hinzu. Dazwischen immer wieder einige Zweige der Konifere und Beerenzweige einbinden. Die kurzen Stücke der Stechpalme stecken Sie einfach nur dazu. Den fertig gebundenen Kranz auf den Kerzenständer legen.

Teilen Sie das Band in vier gleich lange Stücke, und binden Sie diese zu vier einfachen Schleifen (siehe Seite 10). Schleifen mit Bindedraht am Kerzenständer befestigen und zum Schluß einige besonders dünne Weidenzweige darüberstecken.

Falls der Kerzenständer in der Mitte eine Auflagefläche hat, können Sie, so wie Sie es hier sehen, mit Früchten, etwa einigen Granatäpfeln, noch einen zusätzlichen dekorativen Effekt erzielen.

Tischgesteck mit Terracotta

Die im Gesteck enthaltenen warmen, stimmungsvollen Erdfarben harmonieren farblich wunderbar mit den Dekorationsteilen aus Ton.

Material
Reisig
Efeuranken
gebündelte Gräser
Gomphrena in Orange
Dekorfrüchte
Terracottakugel
4 Terracottazierteile
4 kleine Terracottatöpfe
4 Stumpenkerzen
1 m Goldgitterband
1,5 m oranges Samtband
goldene Dekorwatte
Steckziegel
Karton

So wird's gemacht

Den Steckziegel in der Höhe halbieren, so daß Sie zwei flache Stücke erhalten. Diese beiden Stücke nebeneinander zu einem schmalen, langen Ziegel auf den Karton kleben.

Nun die kürzeren Zweige so flach in den Steckziegel stecken, daß die längliche Grundform erhalten bleibt. Oberseite noch freilassen.

Die kleinen Tontöpfe dienen als Kerzenhalter. Dazu in die Stumpenkerzen je einen dicken Draht stecken. Diese von oben durch die Bodenlöcher der Töpfe führen und in der Steckmasse fixieren.

Nun zwischen die Kerzen kurze Zweige stecken und das Dekormaterial wie Terracottakugel, Zierteile, Früchte und Gräserbund arrangieren. Der lange Bund Gomphrena wird mit U-Haften vorne quer gesteckt. Samtband zu einer üppigen Schleife binden (siehe Seite 12) und zum Gräserbund dazustecken. Das Goldgitterband zu einer einfachen Schleife binden (siehe Seite 10) und dahinterstecken. Zum Schluß etwas goldene Dekorwatte über dem Gesteck verteilen.

Romantische Tischdekoration

Auch frische, blühende Naturmaterialien wie das Schleierkraut lassen sich stimmungsvoll zu Weihnachtsarrangements verarbeiten. Hier schmückt es einen dekorativen Kerzenkranz.

Material
Reisig
Koniferen
Schleierkraut
getrocknete Limettenscheiben
kleine Silberkugeln
silberne Mondsichel
1 m silbernes Band
1 m naturweißes Band
Styroporkranz
Kerzenleuchter oder Teelichter

So wird's gemacht

Das Schleierkraut wird zu kurzen kleinen Bündchen gebunden, Reisig und Koniferen in kleine Zweige geschnitten.

Stecken Sie die Zweige und kleine Bündchen des Schleierkrautes mit U-Haften schuppenartig überlappend im Styroporkranz fest. Die Limettenscheiben werden ebenfalls mit den U-Haften dazugesteckt. Die Bänder zu einer doppelten Schleife binden (siehe Seite 10), andrahten und in den Kranz stecken. Kleine silberne Glaskugeln und silberne Dekorationselemente ergänzen den Kranz.

In den fertigen Kranz können Sie je nach Geschmack einen Kerzenständer stellen oder ihn außen herum mit Teelichtern dekorieren.

Orangen-bäumchen

Dieses nach Zimt und Orangen duftende Arrangement animiert geradezu, gemütlich mit einer Tasse Tee den bereits zur Neige gehenden Tag zu genießen.

Material
Reisig
Stechpalme
getrocknete Orangenscheiben
Zimtstangen
Bast
Styroporkegel
Korb mit Orangen
goldene Dekorwatte

So wird's gemacht

Schneiden Sie die Reisigzweige in kurze Stücke. Damit das Bäumchen natürlich wirkt, stecken Sie die kurzen Zweige mit U-Haften so in den Styroporkegel, daß die Spitzen nach unten weisen. Beginnen Sie mit den unteren Reihen, und arbeiten Sie schuppenartig nach oben. Stecken Sie zur Auflockerung immer wieder kleine Zweige der Stechpalme zwischen das Reisig.

Die getrockneten Orangenscheiben etwas unter das Reisig schieben und ebenfalls mit U-Haften fixieren. Die Zimtstangen an einem Ende andrahten und so dazustecken, daß sie nach unten zeigen. Zum Abschluß einige Bastfäden um das Bäumchen binden und verknoten.

Das fertige Bäumchen auf den mit Orangen gefüllten Korb stellen. Goldene Dekorwatte, spärlich verteilt, setzt schimmernde Akzente.

Mit getrockneten Naturmaterialien dekorieren

Adventskranz im Naturlook

Die natürliche, warme Ton-in-Ton-Farbgebung der Trockenmaterialien wirkt in Verbindung mit den honigfarbenen Kerzen gemütlich und anziehend.

Material
Zapfen
Zimtstangenbund
Nüsse
Dekorkugel aus Körnern
Trockenfrüchte
getrocknete Orangenscheiben
Gräserbund
kleine Weidenkugel
4 Stumpenkerzen
4 Messingkerzenhalter
Steckkranz
goldene Dekorwatte

So wird's gemacht

Kleben Sie die Zapfen mit der Heißklebepistole sehr dicht am Steckkranz an. Verwenden Sie keinen Styroporkranz, da der Heißkleber Styropor zum Schmelzen bringt. Gut deckend rundherum arbeiten.

Nun die vier Kerzenhalter asymmetrisch auf den Kranz stecken. Falls der Dorn zu kurz ist, geben Sie etwas Heißkleber dazu.

Den Zimtbund zwischen die einzelne Kerze und die Dreiergruppe kleben. Um diesen Zimtbund herum fixieren Sie üppig die unterschiedlichen Nüsse und Trockenfrüchte. Zwischen die Kerzenhalter werden nach vorne auslaufend die restlichen Materialien geklebt.

Die Weidenkugel wie einen Wollknäuel auflösen und die einzelnen Ranken schwungvoll um die Kerzen dekorieren. Nun noch die Kerzen aufstecken, etwas goldene Dekorwatte darüberlegen, und Ihr Adventskranz ist fertig.

Asymmetrisches Trockenblumengesteck

Asymmetrische Gestecke wirken immer ausgefallen. Je vielfältiger die farblich aufeinander abgestimmten Materialien, umso üppiger der Gesamteindruck.

Material
Trockenblumen und Gräser in Olivgrün, Gelb und Ocker:
Phalaris
Broom Blooms
Leinkapseln
Glixia
Amaranthus
diverse Nüsse
goldene Kerze
1 m Goldband
1 m Goldkordel
2 Messingzierteile
Golddraht
goldene Dekorwatte
schmales, hohes Keramikgefäß
Steckziegel

So wird's gemacht

Stecken Sie den Steckziegel fest in das Gefäß, so daß etwa ein Drittel oben herausragt. Markieren Sie die oberste Stelle für die Kerze.

Bündeln Sie die zarten Materialien, wie Broom Blooms und Glixia, in kleine, kurze und kompakte Gruppen. Nun bestecken Sie zwei Drittel der Grundfläche kugelförmig mit dem Trockenmaterial. Arbeiten Sie kompakt, und verwenden Sie immer mehrere Büschel des gleichen Materials an einer Stelle, so daß dekorative Gruppen entstehen. Gegenüber dem noch freien Drittel den Platz für die Schleife vorsehen.

Nun stecken Sie ins leere Drittel die langen, zarten Gräser so schräg hinein, daß die Spitzen nach unten zeigen. Arbeiten Sie ebenfalls in Gruppen. Zur Mitte hin die Gräser kürzer verarbeiten, so daß Sie einen Übergang zu der bereits gesteckten Hauptgruppe schaffen.

Die Kerze andrahten und in die Mitte stecken.

Einen verspielten Akzent setzt der zarte Golddraht, an den die kleinen Leinkapseln gebunden werden. Einfach die Kapseln bis auf einen kurzen Stengel kürzen und nacheinander mit dem dünnen Golddraht umwickeln. Diese Kette mit U-Haften dazustecken.

Das Goldband zu einer üppigen Schleife binden (siehe Seite 12) und an den vorgesehenen Platz stecken. Die Goldkordel binden Sie zu einer einfachen Schleife, legen aber einige Schlaufen mehr. An den Enden der Kordel einen Knoten binden und die Metallzierteile daraufkleben. Ein wenig goldene Dekorwatte hinzufügen.

Romantisches Rosen-arrangement

Ton in Ton wirkt elegant, wie man an diesem Gesteck sieht, das sehr dezent mit getrockneten Naturmaterialien gestaltet wird.

Material
getrocknete Rosen
olivgrüne Broom Blooms
getrocknete Efeuranken
Kerze
75 cm naturweißes Satinband
50 cm goldenes Spitzenband
kleiner Bastbund
goldene Dekorwatte
bauchiges, naturweißes Gefäß
Steckziegel

So wird's gemacht

Befestigen Sie den Steckziegel im Gefäß. Binden Sie die Broom Blooms zu kleinen Bündchen, und kürzen Sie diese auf eine Länge von etwa 6 cm. Mit diesen Bündchen die halbkugelförmige Grundform stecken.

Drahten Sie die Kerze an, und stecken Sie diese an die höchste Stelle. Nun die Rosen hinzufügen. Die oberen Rosen etwas höher stecken, so daß eine leichte Pyramidenform entsteht. Setzen Sie auch einzelne Rosenblätterzweige dazwischen.

Die beiden Bänder binden Sie zu einer doppelten Schleife (siehe Seite 10), die Sie andrahten und seitlich einstecken.

Der kleine Bastbund wird geteilt. Aus einem Teil binden Sie eine einfache Schleife (siehe Seite 10) und stecken diese zur ersten Schleife. Der zweite Teil wird um das Gefäß gewickelt, verknotet und an den Enden gleichmäßig gekürzt.

Die getrocknete Efeuranke vorsichtig um das Gesteck winden. Zum Abschluß einen Hauch von goldener Dekorwatte über das fertige Gesteck dekorieren.

Distelgesteck

Der schimmernde Ton der unterschiedlichen Disteln wird von den naturweißen und cremefarbenen Materialien aufgegriffen. Ein dazu passendes Gefäß rundet das Arrangement ab.

Material
diverse Wiesengräser
Disteln
naturweißes Isolepsisgras
Mohnkapseln
Zweige und Wurzeln
naturweiße Capblumen
Dekorteil
2 Kerzen
Keramikgefäß
Steckziegel
1 m Juteband
1,5 m cremefarbenes Satinband

So wird's gemacht

Den Steckziegel zuschneiden und im Gefäß fixieren.

Bestimmen Sie mit den zarten Gräsern den höchsten Punkt und die Seiten des Gesteckes. Arbeiten Sie Gräser, Wurzeln und Mohnkapseln von oben nach unten und von den Seiten nach innen ein. Dabei die Stiele immer stärker kürzen, so daß Sie eine kompakte Mitte gestalten können.

Den Mittelpunkt bilden dominante Disteln. Stecken Sie sie etwas versetzt im Dreieck zueinander. Seitlich Platz für die Schleife einplanen, und in der Mitte Raum für die Kerzen freihalten.

Die beiden Bänder zu üppigen Schleifen binden (siehe Seite 12), andrahten und seitlich in das Arrangement stecken. Nach Geschmack ein farblich passendes Dekorteil hinzufügen. Zum Schluß die Kerzen andrahten (siehe Seite 9) und leicht höhenversetzt hinter die Disteln in die Mitte stecken.

Festlicher Trocken-blumenkranz

Ohne Kerzen wirkt die interessante Farb- und Materialkombination dieses Kranzes auch nach Weihnachten noch sehr dekorativ.

Material
diverse Trockenblumen wie:
Rosen
Färberdisteln
Phalaris
Nigella
Immortellen
Broom Blooms
Lagurus
Isolepsisgras
kleine goldene Dekorkugeln
4 bordeauxrote Kerzen
1 m goldenes Band
1 m bordeauxrotes Band
goldene Dekorwatte
Steckkranz

So wird's gemacht

Binden Sie die zarten Materialien zu Bündchen, und kürzen Sie diese auf etwa 5 bis 8 Zentimeter Länge. Rosen, Nigella und andere Materialien, die stärkere Stiele haben, ebenfalls kürzen und einzeln verarbeiten.

Stecken Sie die Bündchen und die anderen Trockenmaterialien in Streifensegmenten von innen nach außen in den Steckkranz. Immer in Gruppen und sehr dicht arbeiten. Die Materialien nicht zu weit vorstehen lassen, da der Kranz eine geschlossene kompakte Form erhalten soll.

Die Kerzen andrahten und in eine Hälfte des Kranzes stecken. Die Bänder binden Sie jeweils zu üppigen Schleifen (siehe Seite 12) und stecken sie dicht aneinander auf der Innenseite des Kranzes vor die Kerzen.

Das Isolepsisgras bündeln und schräg unter die Schleife stecken, so daß es schwungvoll zwischen die Kerzen zu liegen kommt. Zum Schluß den fertigen Kranz mit goldener Dekorwatte auflockern.

Edler Hirsekranz

Dieser einfache Hirsekranz wird durch effektvolle Accessoires und eine schönen Schleife zu einem noblen Adventskranz.

Material
Hirse
getrocknete Rosen
goldene Glaskugeln
1,5 m Goldband
1,5 m gemustertes Satinband
4 goldene Kerzen
Styroporkranz
goldene Dekorwatte

So wird's gemacht

Die Hirse zu kleinen Bündchen binden. Diese flach auf den Kranz auflegen und mit U-Haften feststecken. Mit jedem neuen Bund werden die Stiele der zuvor befestigten Bündchen schuppenartig abgedeckt. Gleichmäßig und gut dekkend rundherum arbeiten.

Die Kerzen andrahten (siehe Seite 9) und auf zwei Drittel des Kranzes verteilt stecken. Das restliche Drittel des Kranzes bleibt frei.

Nun werden die Bänder zu üppigen Schleifen (siehe Seite 12) gebunden, angedrahtet und mit U-Haften dazugesteckt. Jeweils ein Ende der Schleife bleibt lang und wird so zu einem zusätzlichen Dekorationselement.

Die Glaskugeln und die Rosen andrahten und dazustecken oder mit der Heißklebepistole aufkleben. Im Bereich der Schleife und der Kerzen dichter, im vorderen Drittel des Kranzes lockerer dekorieren. Zum Abschluß die goldene Dekorwatte über den Kranz verteilen.

Biedermeierstrauß

Ein wenig nostalgisch wirkt dieser rustikale Strauß im Landhausstil. Ohne Kerze wird er Ihnen auch noch lange nach Weihnachten gefallen.

Material
getrocknete Rosen
Kugeldisteln
Färberdisteln
rosa Rittersporn
Nigella
grüne Phalaris
grüne Schafgarbe
goldene Samenstände
Zimtstange
Gerste
altrosa Barockkerze
1 m breiter, altrosa gemusterter Tüll
1,5 m altrosa Juteband
Bouillondraht
goldene Dekorwatte

So wird's gemacht

Alle Blumen und Materialien, die einen zu kurzen Stiel haben, werden angedrahtet (siehe Seite 8). Zarte Materialien werden zu kleinen Gruppen gebündelt und ebenfalls mit einem Drahtstengel versehen.

Beginnen Sie mit einem Bund der goldenen Samenstände, und legen Sie eine Reihe andersfarbiger Materialien herum. Sie können streng symmetrisch in jeder Reihe jeweils immer nur ein Material verwenden oder das Material ganz ungebunden aneinanderreihen. Wichtig ist nur, daß die halbkugelförmige Grundform beibehalten bleibt. Ordnen Sie die Materialien so aneinander, daß sie eng Kopf an Kopf liegen. Zwischen den einzelnen Reihen immer wieder mit Bindedraht oder Bast fest abbinden. Den Abschluß bilden die Ähren, die wie eine Manschette den Strauß umschließen. Sie werden etwas höher und sehr schräg dazugebunden.

Zuletzt die Stengel je nach Verwendung auf eine Länge kürzen. Ist der Strauß für eine Vase gedacht, so sollten die Stengel eher kurz sein. Wollen Sie ihn aber, wie im Foto, ohne Vase aufstellen, so müssen Sie die Stengel wegen der Standfestigkeit und auch aus optischen Gründen sehr lang lassen.

Den Tüll binden Sie zu einer einfachen Schleife (siehe Seite 10), das Band zu einer üppigen Schleife (siehe Seite 12) und fügen beide unterhalb der Ähren zum Strauß dazu.

Die Kerze mit einem langen, starken Draht andrahten (siehe Seite 9) und vorsichtig von oben in den fertigen Strauß stecken. Zimtstangen mit Bouillondraht zusammenhalten und in der Nähe der Kerze dekorieren. Mit etwas Dekorwatte geben Sie dem Strauß einen zarten goldenen Schimmer.

Vornehmer Kerzenstrauß

Dieser aparte Strauß ist eine stilvolle Tischdekoration für alle festlichen Anlässe, denen Sie eine besondere Note geben möchten.

Material
2 goldbesprühte Palmblätter
Elefantenohr
Zapfen
Nigella Orientalis
graublaue Seidenrosen
kleine blaue Glaskugeln
Zierapfel
Blätter
Isolepsisgras
Asparagus
blaue Barockkerze
1,5 m blaues Band
0,5 m goldblaue Kordel
goldene Dekorwatte

So wird's gemacht

Drahten Sie zuerst alle kurzstieligen Blumen und Materialien an (siehe Seite 8).

Binden Sie mit den kompakten Materialien wie Zapfen, Elefantenohr und Seidenblumen einen halbkugelförmigen Strauß. Schieben Sie nun die beiden Palmblätter mit den Stielen quer durch den Strauß. Auf der gegenüberliegenden Seite, dort wo die Stiele aus dem Strauß schauen, binden Sie nun das Isolepsisgras, stark abfließend, dazu. Damit nichts verrutscht, den Strauß immer wieder mit Bindedraht fest abbinden.

Die Kerze mit langem, starkem Draht andrahten (siehe Seite 9) und von oben in den Strauß stecken. Einige längere Nigella-Zweige parallel zur Kerze dazustecken. Als letztes werden die zarten Asparaguszweige hinzugefügt.

Das Band zu einer üppigen Schleife (siehe Seite 12), die Kordel zu einer einfachen Schleife (siehe Seite 10) binden. Beide andrahten und zum Strauß dazubinden. Zum Abschluß einige Büschel goldene Dekorwatte dazustecken.

Rustikaler Strohkranz

Ein Strohkranz, üppig dekoriert mit Trockenmaterialien, ist immer sehr stimmungsvoll. Effektvoll: das um den Kranz geschlungene Strohflechtband.

Material
blauer Lagurus
grüne Briza
violette Briza
goldene Flachskapseln
Zapfen
Bucheckern
4 blaue Stumpenkerzen
1 m blaues Satinband
Strohflechtband
Bast
Strohkranz

So wird's gemacht

Vom Strohflechtband vier passende Stücke abschneiden, entsprechend dem Kerzenumfang zu einem Ring zusammenkleben und von unten über den Kerzenfuß ziehen. Kerzen andrahten (siehe Seite 9) und in den Strohkranz stecken. Eine asymmetrische Verteilung wirkt ungewöhnlich und gibt Ihrem Kranz Dynamik.

Die zarten Trockenblumen zu kleinen, ganz kurzen Bündchen zusammenbinden, die Sie mit der Heißklebepistole auf den Strohkranz kleben. Dekorieren Sie die Materialien nicht vereinzelt, sondern in kleinen Gruppen, so kommen die Farben besser zur Wirkung. Neben den Kerzen nicht zu hohes Trockenmaterial dekorieren, da es sonst Feuer fangen kann. Je nach Geschmack können Sie den Strohkranz ganz abdecken oder ihn optisch in die Gestaltung einbeziehen.

Das Flechtband um den fertigen Kranz dekorieren. Den Anfang mit U-Haften unter dem Kranz feststekken. Aus dem Ende legen Sie eine Schleife und stecken diese wiederum mit U-Haften fest.

Das Satinband binden Sie zu einer üppigen Schleife (siehe Seite 12), die Sie zu der Kerzengruppe stecken. Den Bast wie ein Band zu einigen einfachen kleinen Schleifen binden (siehe Seite 10) und zur Stoffschleife und den Kerzen stecken.

Festlicher Zapfenkranz

Ob Sie kleine Zapfen, Bucheckernhülsen oder exotische Fruchtstände verwenden – dieser Kranz wirkt vornehm durch die Beschränkung auf wenige Materialien.

Material
kleine Zapfen o. ä.
kleine goldene Glaskugeln
1,5 m goldenes Band
4 weiße Kerzen
goldene Dekorwatte
Steckkranz

So wird's gemacht

Dieser Kranz ist nicht schwierig zu erarbeiten und gelingt sicher. Sie brauchen dazu aber Zeit und vor allem sehr viel Material. Markieren Sie zunächst die Stellen für die Kerzen. Nun kleben Sie mit der Heißklebepistole die Zapfen auf den Steckkranz. Keinen Styroporkranz verwenden, da die Heißklebemasse das Styropor schmelzen läßt! Kleben Sie die Zapfen dicht aneinander und fügen Sie dazwischen immer wieder auch eine Goldkugel ein. Die markierten Stellen für die Kerzen frei lassen.

Kerzen andrahten und in den Kranz stecken. Das Band binden Sie zu einer üppigen Schleife (siehe Seite 12) und lassen dabei ein Bandende lang. Die Schleife auf dem Kranz festkleben und das lange Bandende zwischen den Kerzen dekorieren. Einige Goldkugeln dicht nebeneinander zu den Kerzen kleben. Zum Abschluß die Dekorwatte zart über den Kranz verteilen.

Klassischer Strohkranz

Was paßt besser zu Strohgelb, als die traditionellen Weihnachtsfarben Rot und Grün? Nur wenige Materialien genügen, und aus einem einfachen Strohkranz wird ein dekoratives Unikat.

Material
4 rote Stumpenkerzen
4 Messingkerzenhalter mit Dorn
Strohflechtband
Strohsterne
rote Holzfiguren
Bast
2 m rotes Band
1,5 m kariertes Band
Band zum Aufhängen nach Bedarf, hier 2,5 m rotes Band
Strohkranz

So wird's gemacht

Schneiden Sie das rote Band, das für die Aufhängung vorgesehen ist, in zwei gleich lange Stücke. Teilen Sie den Kranz optisch in vier gleiche Abschnitte und markieren Sie diese.

Wickeln Sie nun Anfang und Ende eines der beiden roten Aufhängebänder auf gegenüberliegenden Seiten über die Markierungen. Die Enden entweder mit U-Haften fixieren oder zusammennähen. Nun legen Sie das zweite Bandstück quer über das erste und fixieren es ebenfalls. Heben Sie den Kranz an der Stelle, wo sich die beiden Bänder kreuzen, hoch.

Kontrollieren Sie, ob die Bänder gleich lang sind und der Kranz gerade hängt. Der Kreuzungspunkt wird mit einem etwa 50 cm langen Bandstück, das Sie vom Schleifenband herunterschneiden, fixiert, indem Sie eine ganz normale Schnürsenkelschleife herumbinden.

Das restliche rote und das karierte Band vierteln und zu vier doppelten Schleifen binden (siehe Seite 10). Schleifen mit U-Haften auf das rote Aufhängeband stecken.

Vom Strohflechtband vier Stücke schneiden, die dem Umfang der Kerzen entsprechen. Bänder passend zusammenkleben und von unten über den Kerzenfuß schieben. Kerzenhalter zwischen den Aufhängebändern in den Strohkranz drücken und die Kerzen darauf setzen.

Den Bast in einzelne Fäden zupfen und mit U-Haften innen in den Strohkranz stecken, so daß sie herunterhängen. Zum Schluß die Dekorationsteile ebenfalls mit U-Haften an der Unterseite des Kranzes anstecken.

Mit künstlichem Dekorationsmaterial gestalten

Moderner Adventskranz in Silber

Dieser extravagante Adventskranz ist eine interessante Kreation mit zweckentfremdetem Material und paßt gut zu einem modernen Einrichtungsstil.

Material
Stahlwolle
4 silberne Kerzen
4 silberne Metallsterne
2 m silbernes Band
1 m weißes Band
Styroporkranz

So wird's gemacht

Die Stahlwolle lösen Sie vorsichtig Stück für Stück aus der Packung, wickeln sie um den Kranz und stecken sie an der Unterseite mit U-Haften fest. Die Kerzen andrahten (siehe Seite 9) und auf einer Hälfte des Kranzes feststecken.

Nun dekorieren Sie die Bänder in lockeren Schlaufen zwischen die Kerzen und stecken Sie diese mit U-Haften fest. Zum Schluß noch die Sterne dazustecken, und Sie haben ein ausgefallenes Unikat, zu dem einfache Teelichter oder kleine Kerzenleuchter gut passen.

Vornehmes Seidenblumengesteck

Eine originelle Idee ist es, anstelle eines Gefäßes das Gesteck nur auf einen Steckziegel zu dekorieren, der mit einem farblich abgestimmten Stoffband umkleidet ist.

Material
3 Seidenrosen
Zweige
Efeuranken
Reisig
Beerenzweige
goldene Weintrauben
kleine, goldene Weidenkugel
goldener Keramikengel
2 weinrote Barockkerzen
Steckziegel
Karton
Band für die Schleifen:
1 m breites, weinrotes Samtband
0,7 m breite, goldene Borte
Band für den Steckziegel:
etwa 1 m weinrotes Band
etwa 1 m goldene Borte
goldene Dekorwatte

So wird's gemacht

Kleben Sie die Grundfläche des Steckziegels auf den Karton, und schneiden Sie den seitlich überstehenden Karton ab. Rundherum kleben Sie nun das Samtband an die Seiten des Steckziegels. Ist das Samtband schmaler als die Höhe des Steckziegels, verkleinern Sie diesen mit einem Messer auf Bandbreite. Die Borte als Zierleiste über das Samtband kleben.

Stecken Sie als erstes die höchsten Zweigen auf der linken Seite. Bestimmen Sie die beiden äußeren Punkte, indem Sie links einen kurzen und rechts einen langen Zweig dazustecken. Nun stufenweise nach innen dekorieren. Mit Efeu und Reisig die Grundform herausarbeiten.

Die Rosen stark kürzen und stufenweise, nach links steigend, dazustecken. Die Beeren, Weintrauben und die goldene Weidenkugel im Zentrum dazudekorieren. Goldene Dekorwatte gibt den letzten Schliff.

Die Bänder zu einer doppelten Schleife binden (siehe Seite 10), andrahten und vorne links einstecken.
Auf die fertige Schleife den Keramikengel dekorieren.
Zum Schluß die Kerzen andrahten (siehe Seite 9) und unterschiedlich hoch einstecken.

Südliche Advents-stimmung

Immer mehr Menschen verbringen die Weihnachtstage im sonnigen Süden. Dieser Adventskranz ist eine originelle Dekoration zum Einstimmen auf Ihre Urlaubstage.

Material
getrocknete Seesterne
Wurzeln
Muschelkette
4 blaue Kerzen
2 m blaues Band
1 m blaues Tüllband
Kokosfaserseil
Styroporkranz

So wird's gemacht

Umwickeln Sie den Styroporkranz mit dem Kokosfaserseil (dieses Seil bekommen Sie in einem gut sortierten Bastelladen oder in einer Seilerei). Anfang und Ende des Seiles mit U-Haften auf der Unterseite des Kranzes niederstecken.

Drahten Sie die Kerzen an (siehe Seite 9), und stecken Sie sie so in den Kranz, daß ein Drittel frei bleibt. Nun dekorieren Sie die Wurzeln, das Band und den Tüll locker zwischen die Kerzen. An einigen Stellen mit U-Haften niederstecken.

Die Seesterne auf ein Drahtstück kleben und zu den Kerzen stecken. Zum Abschluß dekorieren Sie die Muschelkette locker im vorderen Bereich.

Duftender Kerzenkranz

Der Geruch von Zimt und Äpfeln läßt Vorfreude auf ein besinnliches Weihnachtsfest aufkommen.

Material
Reisig
Beeren
Zapfen
Nüsse
Gräserbündchen
Zimtstange
Holzteddybär
Bast
große, honigfarbene Kerze
1,5 m kariertes Band
kleiner Steckkranz

So wird's gemacht

Schneiden Sie die Zweige in kurze Stücke von etwa 5 cm Länge. Drahten Sie alle anderen Materialien, die keinen Stengel haben, an.

Nun stecken Sie zuerst den grünen Kranz mit den Reisigzweigen, dann werden die unterschiedlichen Dekorationsmaterialien gleichmäßig verteilt dazugesteckt.

Das Band zu drei einfachen Schleifen binden (siehe Seite 10) und auf den Kranz stecken. Mit einigen Bastschnüren ebenfalls eine einfache Schleife binden und hinzufügen.